科学大探奇漫画

昆虫世界大探奇

[韩] 柳太淳 / 著

[韩] 李泰虎 / 绘　洪仙花 / 译

时代出版传媒股份有限公司
安徽少年儿童出版社

欢迎来到神秘的昆虫世界

大约 3.5 亿年前，地球上最初出现的昆虫就是大型蟑螂和世脉属（类似蜻蜓的大型昆虫）。后来，地球变得越来越干燥，蝗虫开始繁盛，冰河期开始出现经过蛹进行完全变态的昆虫，中生代又出现了蜂和苍蝇，新生代出现了蝴蝶。人类是在 300 万年前出现的，相比之下，昆虫的历史要漫长得多。

昆虫之所以能存在这么久，是因为它们具有随着环境的改变而进化的本领。为了更好地适应恶劣的环境，它们的体形变得越来越小；为了快速移动，它们进化出了翅膀；为了保护自己，又进化出坚硬的外骨骼。极强的繁殖力也是其维持种族发展的重要因素。有些不能适应环境变化的昆虫就会灭亡，但通过不断进化而适应环境的昆虫则兴盛不衰。目前地球上的昆虫有 100 多万种（截至 21 世纪初），现在仍有新物种被发现，所以很难估算昆虫具体的数量。

那么，我们可以记住的昆虫名称都有哪些呢？对昆虫的习性又掌握了多少呢？

在《昆虫世界大探奇》中,魔界将会出现令人惊讶的巨型昆虫,它们拥有说话的能力,并主张着自己的权利。如,苍蝇呼喊"我们可是非常干净的昆虫!"蝗虫宣称自己有大脑,要求上学念书;有些昆虫利用华丽的色泽、歌声和扇翅来展现自己的魅力;蜜蜂和蚂蚁则展示了由数十万个个体结合而成的集群生活;大胡蜂和螳螂,双叉犀金龟和斑股锹甲都宣称自己是昆虫界的最强者并互相决斗……各位读者,如果你对昆虫了解不多的话,就请跟着我们一起去一趟生活着千奇百怪的昆虫的大魔王国吧,王子比奥正在那儿等待着各位呢!

全体作者

呀啊，变身为蛆！

比奥

　　梦想当个坏王子，但看到处在危险中的弱者时，还是会心软，是大魔王国可爱的继承人

　　爱好：放超级臭的屁，模仿苍蝇，与昆虫决斗等

酷啊

　　比奥身边的宠物妖精

我的记忆力被诅咒了！

别担心，还有我呢！

大魔王

　　用实践证明"头的大小与智力不成正比"的大魔王国"伟大"的魔王

　　爱好：穿骷髅睡衣，玩熊娃娃，组织奇怪的活动

管家

　　天天为不懂事的比奥父子收拾残局而操劳得满头白发的魔界忠臣

　　爱好：对大魔王和比奥说教，管闲事

意大

由于命运的"戏弄",一边四处流浪一边计划着报复大魔王,是在金钱面前多次倒下的人物

爱好:使唤利面,谋害大魔王

利面

因为意大曾经是王位候选人的缘故,一直追随着意大

爱好:大吃一顿,发明有"创意"的东西

主要昆虫

目录

巨型昆虫的出现

咔嚓

轰轰轰

咔哦哦

肯定没问题，是吗？

那当然！

翻来翻去

昆虫只要接触到这种粉末，马上就会产生变异，体形放大几百万倍！

更厉害的是，它还能使昆虫讲话。魔界的灭亡指日可待啦！

噗哈哈！

大魔王你这家伙，我要把你碎尸万段……

等着瞧吧！

争夺王位失败后，我到处流浪，没有人能理解我悲伤和绝望的心情。

想一想就气愤。

噗哈哈

想当大魔王，这点经历算什么。

什么？

太棒了！

好！

白痴，怎么会拿错这么重要的东西呢！

这下你死定了！

队、队长，你看——

嗯？

这又是哪出戏啊？

啊啊啊啊啊

快往河边跑啊！

恐龙消失后，苍蝇又开始繁盛起来了……

唉，真烦人！

啪

啊！

啪

小样！想逃跑？

挺快呀

昆虫和虫子有什么区别？

整个魔界由于大型昆虫的入侵而受到严重的危害！

虫子们为什么会变大呢？缩小符咒都不管用,那就是用了魔法……

什么,昆虫和虫子不一样吗?

虫子是昆虫和蜘蛛、蜈蚣、蝎子以及蜗牛等类似昆虫的小动物的总称。

好不容易把恐龙送走,现在又冒出来那么多虫子。

那个,魔王大人——

嘻!—

不是虫子而是昆虫!

嗯?

昆虫有 3 对足和 2 对翅膀,躯体分为头、胸、腹 3 部分。

昆虫　　虫子
蚂蚁　　鼠妇
双叉犀金龟　蜘蛛
蜻蜓　　蜈蚣

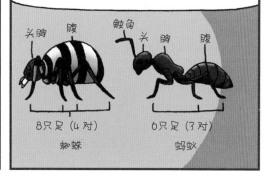

蜘蛛外形与昆虫相似,容易被误认为是昆虫。蜘蛛的身体分为头胸和腹两部分,没有触角,长有 8 只足。

头胸　腹　　触角　头　胸　腹
8只足(4对)　　　6只足(3对)
蜘蛛　　　　　蚂蚁

太让我失望了,您应该再学习学习了。

喂喂,冷静点!

噗哈哈哈。

竟敢……

我有个好办法,父皇。

哗啦

哗啦

咚咚嗦嗦

呜呼,贴上这个,就会变大吗?

不愧为我的继承人。

这是我通宵制作的变大符咒。

昆虫变大,我们也变大不就好了吗?

呜哈哈哈,太有创意了!

啪

砰

呃?

啊啊啊……

这、这是怎么回事?快点过来帮帮忙,我的脖子好疼啊!

呃,真对不起,父皇……

嗒嗒嗒嗒

还没找到比奥啊?

是的,怎么也找不着!

呼呼!

没想到只有贴到的地方才变大!

本来就够大了……

昆虫的主要特征

　　昆虫的身体分为头、胸、腹3部分,头部有一对触角和一对复眼,有些种类还长有2~3只单眼。其腹部由腹节构成,胸部分为前胸、中胸和后胸3节,每个节上都有一对足,共6只足。翅膀通常是2对,也有像蚂蚁、体虱一样没有翅膀的。有人把蜘蛛误认为是昆虫,事实上蜘蛛是节肢动物门蛛形纲的动物,蝉、蝎子等也属于门蛛形纲。

蜘蛛和海蜗牛不是昆虫

蜘蛛为什么不会被蜘蛛网粘住？

救命啊！

好像是从那边传来的！

听声音，好像十分紧急……

快去救人吧，父皇！

好吧！

那就换一条路走吧！

救命啊！

真麻烦！

哐当

帮助处在危险中的百姓是大魔王最基本的义务，不是吗！

呵，我只是开个玩笑罢了，用得着那么生气嘛！

不像是开玩笑啊！

这不去了嘛！

?!

救救我啊！

蜘蛛网！

吱吱

让我来解决吧！

不行！贸然接近会有危险！

啪

蜘蛛网上有的丝具有黏性，有的丝不具有黏性。螺旋状的丝是具有黏性的，而放射状的框架丝是不具有黏性的。

蜘蛛知道哪些丝不黏，所以能自由地移动到落网的猎物处，用丝裹住猎物。

具有黏性的丝

不具有黏性的丝

蜘蛛丝的强度要比同样粗细的钢丝结实十倍，所以被蜘蛛网粘到的昆虫是不容易逃脱的。

王子已经了解了蜘蛛网的特性，所以才敢去救人的。

啊哈，原来已经想好对策啦！

不愧是我的继承人啊！

嗯？

我也是刚刚知道的！

不是拽下来就行了吗？

哪些丝不黏？

放射状的丝。

那样的话，只要竖着移动就可以了吗？

从这边过去怎么样？

我觉得那边有点危险。还是从长计议吧。

这样，那样……

喂，你们这些家伙！要救就快点，要不然就走你们的路吧！

沙沙

利索点！

从侧面出击怎么样？

你还是放弃吧！

蜘蛛网

　　蜘蛛是通过蜘蛛网来获取猎物、保管食物、保护卵和养育小蜘蛛的，蜘蛛网在蜘蛛移动时还起到安全绳的作用。蜘蛛网有圆网、皿网、漏斗网、条网以及不规则网等多种形状。蛛丝的强度比同样直径的钢丝强度大得多，也具有更强的柔韧性。它可以伸展到其自然长度的200倍，所以也能捕获大一些的猎物。食鸟蛛在树枝之间结的网就很结实，能经得住300克的重量，不仅是小鸟，就是小青蛙也难逃罗网。蜘蛛网之所以这么牢固，除了蛛丝本身具有较强的柔韧性以外，蜘蛛网纵横交错的结构也是原因之一。

各种各样的蜘蛛网

为什么昆虫死后四脚朝天？

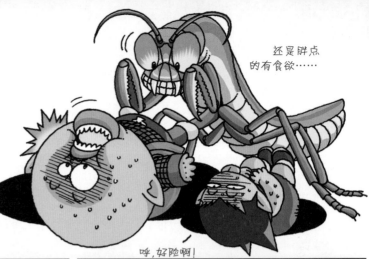

还是胖点的有食欲……

呼,好险啊!

哇,在野外吃饭就是香!

您慢慢享用。

父皇

快、快逃吧!

什、什么?又是昆虫吗?

酷啊!

还是躲一躲吧,魔王大人!

哼,怎么可能因为小小的昆虫而放弃这次野营呢!

没门!

不就身体变大了嘛，竟敢跟大魔王——

轰隆轰隆

呃——

呜啊啊啊！

唧唧

早点说是螳螂啊！

嗒嗒嗒嗒嗒

昆虫死后是什么样的啊？

嗯？

大多数昆虫死后会四脚朝天。

唰啦

昆虫的3对细长的足可以分散体重维持平衡，但死后腿会向内侧收缩，身体自然而然就会翻过来。

这家伙是在装死！

……

好，这样的话！
我果然是天才——

?

我们装成昆虫死的样子，螳螂就不会攻击我们了。

嗯，这样对付螳螂行吗？

你们不装，我自己装！

还是快逃吧！

唧唧

哐当

哆嗦

啊啊啊啊，怎么行不通呢？

唰唰呀立

把我当白痴吗？

那个办法只对熊有效，笨蛋！

快点逃不就没事了嘛！

昆虫的死相

昆虫的关节跟人的一样是由肌肉控制的。昆虫死后,肌肉发生化学变化而收缩,它们的腿一般会向内侧收缩,以致支撑不住体重而翻倒,常呈四脚朝天状。不过,像蝴蝶那样翅膀较大的昆虫死后则不是仰翻,而是侧翻。

有会装死的昆虫吗

有些昆虫有拟死现象,即受惊后落地装死或危急时翻身装死。如果仔细观察就会发现,昆虫在拟死时腿的状态与真死有点儿不同。会拟死的昆虫有米象、竹节虫、斑股锹甲等。斑股锹甲对震动非常敏感,只要有一点震动,它就会装死。

具有拟死行为的昆虫——米象

昆虫的口器有哪些种类？

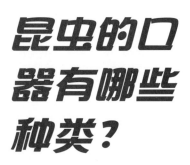

和巨型昆虫一起生活，首先要知道它们的习性。

从今天开始，我们几个变成昆虫生活3天吧。

怎么样？

是个好主意，魔王大人！

嗄呜

一定很好玩！

这是我通宵不睡想出来的！

呵！

我已经想好要当什么昆虫了。

怎么样，挺像蝉吧？

一点都不像！

挺像大猩猩的！

啵 啵 啵

咣当

那我就选容易点的苍蝇吧。

你就不能选个干净点的吗？

怎么会是苍蝇呢？

沙沙

跟管家商量一下，选个像样的……

唰

我一直都很喜欢青虫！

不满意吗？

哐当哐

我不该抱太大的希望。吃饭吧……

管家，我对你太失望了！

对不起！

昆虫也像人一样吃东西吗？

昆虫能在地球上这么繁荣就是因为其口器的构造多样、能吃各种食物。

昆虫的口器分为咀嚼式、虹吸式、刺吸式和舔吸式等。

螳螂
(咀嚼式口器)

蝴蝶
(虹吸式口器)

蝉
(刺吸式口器)

苍蝇
(舔吸式口器)

蝗虫、蜻蜓等属于咀嚼式口器，它们发达的上颚便于咀嚼或捕捉猎物。蝴蝶、蛾的成虫等属于用长长的嘴吮吸食物的虹吸式口器。蝉属于刺吸式口器，吸食树汁。苍蝇属于舔吸式口器，伸出下唇舔吸食物。

形状各异的昆虫口器

昆虫口器由头部后面的 3 对附肢和一部分头部结构联合组成,主要有摄食、感觉等功能。由于食性不同,各种昆虫的食物也就不同,与此相适应,昆虫的口器也就呈现出各种形状。其中,咀嚼式是最原始的,其他类型均由咀嚼式口器演化而来。

☠ 咀嚼式口器:为了便于咀嚼固体食物,其上颚非常发达。如蟑螂、蝗虫、蜻蜓、螳螂、蝴蝶和蛾子的幼虫等。

☠ 虹吸式口器:长管状的食道,盘卷在头部前下方,可自由伸缩,便于吸食花蜜,如蛾、蝶的成虫等。

☠ 刺吸式口器:这类口器形成了针管形,用以吸食植物或动物体内的汁液或血液,如蝉、椿象、蚊、虱等。

☠ 舔吸式口器:发达的下唇和伪气管便于舔食,如苍蝇、斑股锹甲等。

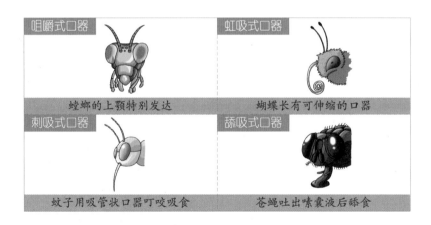

咀嚼式口器	虹吸式口器
螳螂的上颚特别发达	蝴蝶长有可伸缩的口器
刺吸式口器	舔吸式口器
蚊子用吸管状口器叮咬吸食	苍蝇吐出嗉囊液后舔食

双叉犀金龟的角有什么作用？

好！

一到夜里 12 点，我们就潜入魔城……

潜入？

我们要采取速战速决的方式，拖得越长，下手的机会就越少。

我让你准备的东西拿来了吗？

当然啦，队长！

今天晚上就把大魔王一家征服了，这样魔界就属于我们的了。

紧握

好不容易弄到的双叉犀金龟的角。

让你准备挖洞的铁铲、锄头，你拿那东西过来做什么？

真没用！

哈哈，怎么样？

咦，那是什么？

您有所不知，双叉犀金龟浑身都裹着坚硬的外壳，腿部粗壮，力气非常大。

其中雄性头上长有像铁铲一样的角。身体越大，其角和力气就越大！

它们把角当成挖洞的工具和防身的武器。

称手的，队长！

这个东西好用吗？

那当然

好，马上就到12点了。快点挖洞吧！

咦？

双叉犀金龟的角

只有雄性才有角的双叉犀金龟

雄性双叉犀金龟的头上长有大大的角。它在幼虫阶段没有角，所以区分不出雌雄。成虫阶段雄性的角渐渐变大。不同的双叉犀金龟，其角突的大小和形状会有所差别。雄性双叉犀金龟为了争夺食物、占有雌性，经常使用角突来进行决斗。生活在中南美洲热带雨林地区的长戟双叉犀金龟，其角突可达十几厘米长，是双叉犀金龟中角突最大的。

斑股锹甲的下颚

长有巨型下颚的斑股锹甲

斑股锹甲看上去也长有不亚于双叉犀金龟的角，但事实上那不是角，而是它的上颚。斑股锹甲的上颚还可以当武器来用。偶尔可以看到双叉犀金龟和斑股锹甲为了争夺食物而在树枝上决斗，常常以体形比较大的双叉犀金龟的胜利而告终。

昆虫也有血吗？

唉，一个顾客都没有！

我都说过几次了，不要弄献血车，像以前那样晚上袭击人类、吸血多好啊！

咳，魔界有魔界的法律嘛！

那我们离开魔界不就好了嘛。我在这儿活不下去了……

又吵架了！

现在可以献血吗？

唧唧

快点准备！

来了，顾客，马上！

嘿嘿，当然。

嗒嗒嗒嗒

真的给礼品吗？

给什么礼品啊？

我比较喜欢牛排！

哐当

你们可是蟑螂啊，昆虫哪有血啊？

蚊子好像有吧？

我又不是非生物。

吧嗒

昆虫怎么没有血！

母蚊子肚子里的血的确是从人类那里吸来的，没错！

但昆虫也是有血的，虽然不像人的血那样发红或有气味。

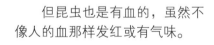

不同种类的昆虫其血液的成分也不一样，所以呈现出黄色、绿色、蓝色等不同的颜色。

大多数昆虫的血管只分布在身体局部，心脏中流出的血液可以流到血管外，通过细胞来循环到全身。

知、知道的还挺多啊！

那好,先抽出来尝尝看,再决定给不给礼品。

老、老公!

献血车

谢谢,叔叔!

先给礼品多好!

呵呵,味道不错啊!

对呀,还没有腥味。

好像抽太多了!

辛苦了!

不管怎么样不也拿到礼品了嘛。

呼

呼

哆哆 嗦嗦

10 天后

总觉得怪怪的,爸爸!

库拉,帮我挠一挠后背啊!

你们,也一样?

咔吧

咔吧

哇,肥皂也蛮好吃啊!

食性怎么变了呢?

老公,我怎么总想往角落里钻呢?

沙沙沙

爸爸,白糖也不错,您也尝一尝!

早上好,队长!

你真的是库拉吗?

白糖

咔吧

咔吧

舔来

舔去

唰!

还、还有翅膀!

昆虫的血液循环

体形越小的动物其身体构造就越简单。昆虫这种节肢动物就连完整的血管系统都没有，它们的血液循环系统叫作开放式血管系统，人类的血液循环系统则属于完整血管系统，叫作封闭式血管系统。

 开放式血管系统

节肢动物、软体动物等动物的血液循环系统都属于开放式血管系统，即血液自心脏流出，经过动脉直接流向身体各组织，再由开放的血管送回心脏。

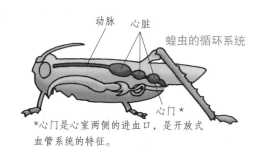

*心门是心室两侧的进血口，是开放式血管系统的特征。

 封闭式血管系统

包括人类在内的所有脊椎动物都有可以通过血管来进行血液循环的封闭式血管系统。在封闭式血管系统中，血液不能流出血管外，只能在布满身体的血管网络中流动。

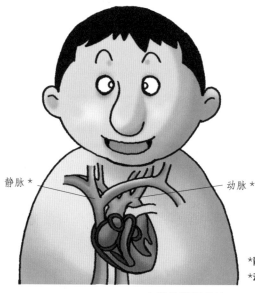

人类的循环系统

*静脉：血液流回心脏的管道。
*动脉：血液流出心脏的管道。

33

苍蝇为什么"搓手"?

不、不是在求我给你糖吗?

为什么无故打我们?

我们又没做危害人类的事情……

咦,苍蝇竟然能讲话!

沙沙 沙沙

怎么回事?

嗯?

还不承认?你们用体毛和脚携带各种病菌到处传播!

也不想想自己干的好事

我、我们有吗?

真的吗?

我还有你们危害人类的证据呢！

证据？

沙沙

沙沙

你们不也是因为心虚，不自觉地搓手求饶嘛！

一针见血吧。

哐当

怎么会有这么笨的王啊，我们才没哀求呢！

不、不是吗？

魔界人民真可怜。

加强学习吧。

我们的味觉器官长在前脚上，所以要保持清洁。

我们是为了弄掉灰尘和碎渣才搓的。因为洁净的爪垫可以增加黏性，这有助于我们在光滑的墙壁甚至玻璃上行走、停留而不会跌落。

好。

饭前都要弄干净了！

这下知道我们是多么爱干净的昆虫了吧，不要总是污蔑我们！

自以为干净！

嘻。

沙沙

干干净净。

苍蝇的生存法则

苍蝇没有鼻子，但它另有味觉器官，不在头上、脸上，而在脚上。它飞到了食物上，总是先用脚上的味觉器官去品一品食物的味道如何，然后再吃。因为苍蝇很贪吃，又喜欢到处飞，见到食物都要去尝一尝，所以它的脚上常常沾有食物残渣和污物，既不利于它飞行，又影响它的味觉。所以，苍蝇常把前脚搓来搓去，是为了清除掉上面沾的东西。

苍蝇为何会传染疾病

苍蝇有 3 对足，上面有很多毛，毛的根部有爪垫，有助于苍蝇扒在其他物体上。也就是说，其爪垫只有保持清洁才能让它倒挂在天花板上或附着在玻璃上。苍蝇为了维持爪垫适当的湿度，会用嘴来舔，所以爪垫上的细菌非常多。苍蝇如果在粪便、污水上待过又飞到食物上去，就会把病菌留在食物上。如果人们吃了这样的食物，很容易得病。

脚上有味觉器官的苍蝇

大胡蜂和螳螂谁更厉害?

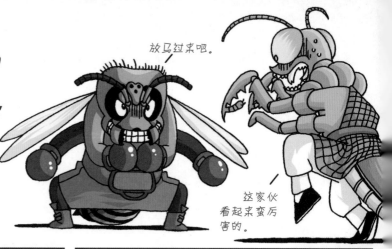

放马过来吧。

这家伙看起来蛮厉害的。

在昆虫中谁最厉害呢?

嗯?

昆虫的繁殖能力强,再加上现在又变得这么大,如果不加以控制,其危害不可小觑呀!

有可能比恐龙还麻烦

最厉害的昆虫要是被我们降伏,其他昆虫不就好控制了吗?

有点道理,父皇!

最厉害的昆虫是不是蟑螂?只要它出现,人们就会被吓跑。

那不是因为蟑螂厉害,而是因为脏!

是吗?

我倒是挺怕的!

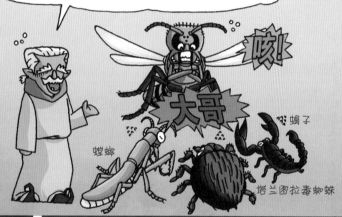

猎杀螳螂的大胡蜂

　　蜂可分为采蜜的(如蜜蜂)和不采蜜的(如胡蜂)。大胡蜂、黑尾胡蜂、基胡蜂和墨胸胡蜂等都属于胡蜂。其中大胡蜂是胡蜂中体形最大、毒性最强,而且极具攻击性的一种。甚至有"凶猛的肉食昆虫"之称的螳螂都败在了大胡蜂手下。大胡蜂制胜的原因在于它有坚硬的外壳,强有力的上颚,以及迅捷的攻击速度和可怕的毒针。

大胡蜂攻击蜂巢

　　大胡蜂中的工蜂负责供养蜂后,缺少食物时,就去掠夺蜜蜂或者其他胡蜂的巢穴。发现合适的蜂巢后,它们会在目标蜂巢的入口附近擦一些从其腹部分泌的具有强挥发性的外激素,瞬间就会招来同伴,一拥而上进行攻击。

以群体方式袭击其他蜂巢的大胡蜂

蚁狮是怎样捕食的？

叫你猖狂！

太毒了！

啊啊啊

什么声音？

好像不是人类的声音。

有点毛骨悚然。

救命啊！

在那边，队长！

还是别多管闲事了。

队、队长！

那也不可以置之不理啊，还是去看看吧！

嗒嗒嗒

42

咦,那是什么?

沙沙
沙沙

挣扎 挣扎

啊啊啊!

那是——

是蚁狮设下的陷阱!

蚁狮?

狮子,陷阱?这又是什么东西!

蚁狮是蚁蛉科昆虫的幼虫,它会在沙地上一边旋转一边向下钻,在沙地上做成一个漏斗状的陷阱,自己则躲在漏斗底端的沙子下面。

如果蚂蚁或其他小昆虫不小心掉进去的话,蚁狮就会用大颚防止其逃脱。之后将自己体内的麻醉剂注入猎物体内,吸干其体液后再将尸体扔到陷阱外面。

哈哈哈,一旦掉进来,就休想逃脱!

啊啊!

滑下来

啪 啪

真是个阴险的家伙!

竟然当饮料吸着吃!

咔吧

来吧

快救救我吧!

挣扎 挣扎

蚂蚁的天敌——蚁狮

　　蚁狮是蚁蛉科昆虫的幼虫。幼虫时形态非常古怪，幼虫成熟后，用沙土和丝做球状茧而化蛹，1年多后才变态为蚁蛉。蚁狮最突出的特点就是几个月不吃东西也能活下去，而且它喜欢在沙丘、树下等处的泥土里制造漏斗状陷阱以捕食猎物。蚁狮的住处就是蚂蚁的地狱，因为蚂蚁只要掉进松软的陷阱就再也爬不出来了，只能坐以待毙。蚁狮把蚂蚁的体液吸干，然后再把自己的排泄物塞进蚂蚁尸体的空壳中扔到远处。这不仅可以防止自己周围堆积异物，还可以避免天敌嗅到自己的排泄物而"引狼入室"。

漏斗状陷阱　蚁狮　蚁蛉

蚁蛉的幼虫——蚁狮

为什么蚂蚁不怕摔？

什么，你说你是蚁后？

嗯。

虽然现在因为迷路而流浪，但我曾经可是数百万只蚂蚁的蚁后啊！

遇到我是你们的荣幸

哇，挺厉害嘛！

真的是蚁后吗？

既然你救了我一命，就赏你护送我到蚂蚁巢吧。

哼，真是自以为是的家伙！

你爱找不找，跟我们无关！

蚂蚁选蚁后都不考虑长相吗？

看起来一点都不像。

愤怒

能生孩子就行呗，不能光看外表，你这个放屁精！

你说话也太直白了！

等、等一下！

？

好吧，那就依你们，跟你们一起走吧！

你走你自己的路吧，白痴！

真拿你们没办法！

愤怒

真是蚊后吗？

奇怪的蚂蚁！

呃！

怎、怎么办？看起来马上就要断了！

哇，掉下去就得粉身碎骨啊！

嘻嘻

又不能原路返回。

放心吧，这桥挺坚固的。要不我来试试看吧。

你们也算帮过我那么一点点……

一点点？

掉下去肯定会没命！

地球吸引物体而产生重力。物体的重力随物体质量和高度的变化而变化。

我们蚂蚁由于身体小而轻，基本不受重力的影响。而且身体能像降落伞一样受到空气阻力，即使从高处掉下来也不会摔死。

呜呼

轻飘飘

体小力大的蚂蚁

蚂蚁体小身轻,却能搬运超过自身重量几十倍的物体,小小蚂蚁为什么有如此神力? 原来,蚂蚁的力量来源于其腿部肌肉群,那里好像有一台台高效率的"发动机",使用的"燃料"是一种结构复杂的化学物质。当蚂蚁走动的时候,它的腿部肌肉就产生一种酸性物质,引起"燃料"的急剧变化,从而产生巨大的动力,使得蚂蚁举重若轻。

空气阻力与落体速度

物体的下落速度与自身重量无关,而与空气的摩擦即空气阻力和浮力有关。蚂蚁从高处掉下来摔不死,不是因为蚂蚁的体重轻,而是因为其受到的空气阻力大。如果没有空气的话,世界上所有物体的下落速度都会相同。

受空气阻力较小的铁球先落地

没有空气就没有阻力,掉落速度就相同

蜣螂生活在牛粪里吗？

过来吧，这就是我的家。

呃啊啊，真脏！

骨碌

骨碌

唰……

就是那个！

终于找到了。

是叫蜣螂的昆虫，又叫屎壳郎。我们利用这家伙滚的牛粪来对付大魔王！

用那个？

YES!

那是什么啊，队长？

蜣螂在粪球中产卵，幼虫孵化后就吃这些牛粪长大。

粪球内部

蜣螂可以把牛粪滚成比自身体积大 50 倍的圆形粪球，再慢慢滚到自己的巢中。

是个脏脏的家伙。

幼虫吃完粪球马上就排泄，所以粪球中塞满了幼虫的粪便。

呃，用这么肮脏的东西来做什么啊？

白痴！就是因为肮脏才用好嘛！

想想都觉得臭！

在大魔王路过时，你从村庄的小山上把那个粪球推下去。

就是用那个来攻击大魔王啊！

到时大魔王就得熏死了。

不愧是队长。

快到了，再加把劲！

呼呼

呼

骨碌骨碌

这点活就把你累成那样啊！

呸，自己在前边悠闲地走。

呼

呼

咚咚嗦嗦

呼哈 呼哈

到了,就是这儿!

呼,好累!

村庄

据我调查,大魔王明天中午会从下面的路经过。

队、队长——

喂?

停不下来了,队长快帮帮……

呦

呼哈

呼哈

喂,这可是下坡啊!

呜啊啊啊

唉?

碌碌碌碌碌

骨碌

呃,哪来的粪便炸弹啊?

有人被压住了!

那是什么?呼,这味儿!

净化环境的蜣螂

　　蜣螂属于鞘翅目金龟亚科,是有名的净化环境的昆虫。蜣螂将牛粪运到地面以下,不仅可以防止苍蝇的繁殖,还可以抑制随着牛粪排出的寄生虫的传播。另外,土壤中加入牛粪就相当于给土壤施了肥,因为牛粪中含有植物所需的丰富的营养成分,既可以促进植物的生长,还可以促进微生物的繁殖,从而提高土地的利用率。在蜣螂活动后的土壤中,氮和碳的含量比蜣螂活动前高出 7 倍多,而有机物和磷酸则高出 2.5 倍左右,由此可见,是蜣螂清除了肮脏的排泄物,它扮演着大自然清洁工的角色。

推粪球的蜣螂

蚂蚁和蚜虫是什么关系？

虽说昆虫世界是弱肉强食，但我还是无法忍受！

哎。

真可怜！

不管是昆虫还是人类，我决不会放过欺负弱者的家伙！

哇，比奥你真帅！

不愧是大魔王之子！

扑腾扑腾

咦？

呃——

呀！

喂，你这家伙，吓我一跳！竟敢吓唬小魔王！

那鸟也是弱者啊，弱者。

啾

喳

你这个大坏蛋！

咦？

快给我住手！

嗒嗒嗒嗒

看你还敢不敢！

啪啊

呃

知道你这是什么行为吗？

不可原谅！

拳头真有劲

竟然要在我面前吃蚜虫！

比奥！

蚂蚁和蚜虫是互利共生的关系。

嗯？

蚜虫以树汁为食，树汁中的糖分在身体里浓缩后由肛门排出。

谢谢！

喜欢甜食的蚂蚁以保护蚜虫的安全为条件来获取蚜虫排出的糖分。

是吗？早点说嘛！

谁叫你想都不想就扑上去了！

啪

真对不起，蚂蚁。

你那是道歉的态度吗？

好吧，为了表示我的诚意，送你一个礼物吧。

跟我来。

礼物？

啊啊啊啊！

怎么了？

是蚂蚁的叫声。

给，这是刚出炉的，吃吧！

呃呃呃

太、太毒了。

滚滚滚滚

啪啦

呀啊

这么挑剔啊，都是排泄物，不都一样吗？

快吃吧

拿开！我吃的是蚜虫的排泄物，又不是人的！

呃呃呃

相依为命的蚂蚁和蚜虫

　　蚂蚁和蚜虫是相互依存的共生关系。蚂蚁击退瓢虫，保护蚜虫，从而获取蚜虫提供的蜜汁。每个蚜虫群里都会有几只大蚂蚁。蚜虫的天敌——瓢虫一出现，蚜虫就一齐抬起后肢踢树枝，这是它们在分泌一种物质来向蚂蚁报警。感知到危机状况的大蚂蚁就会匆忙赶过来攻击瓢虫，使蚜虫群不致陷入慌乱中。如果蚜虫觉得蚂蚁击退不了瓢虫，它们就会四散逃跑。

昆虫为什么会蜕皮？

哈哈哈,怕我吧!

唉!

呼呜!

打得好!

必杀技。

竟然在比赛中做那种行为。

啪啪

骨碌碌

砰

父皇

嗯?

树林里有个奇怪的东西。你快去看看吧!

您还是先出来再说吧。

动作可真快。

好,好吧。

没出息的家伙,身为大魔王的儿子,胆子怎么这样小啊,唉!

吱——

这是什么?

肯定是怪物尸体。

是动物蜕的皮。

蜕皮?

这就叫昆虫的蜕皮或变态,幼虫经过几次蜕皮,就会长为成虫。

昆虫的皮由坚硬的外骨骼包裹着,所以不能伸缩。为了长大为成虫,只好周期性地进行蜕皮。

变成重量级了。

也就是说蜕皮意味着身体在长大,昆虫的皮变硬后就长不大了,只有通过蜕皮才可以。

有的幼虫最后一次蜕皮后就会变成蛹。

脱脱

你、你在做什么?

你不是说越脱越大嘛!

呃……

我说的是皮肤坚硬的昆虫啊!

原来如此啊!

将来要管理魔界的人的理解力这么低还得了!

啪

什么,你是说魔族就不行吗?

早点说呀。

魔、魔界的未来……

看来管理魔界应该没什么大问题!

僵硬

哇,真稀奇。好像只有头部蜕皮呢!

好像蜕过几百遍了!

呃啊

太、太没礼貌了!

昆虫的变态

有些昆虫在长大为成虫的过程中，会通过一系列蜕皮而改变形态，这种现象被称为变态。昆虫的变态可分为完全变态、不完全变态和无变态。完全变态的昆虫如蚊、蝇等，它们的发育过程分为卵、幼虫、蛹、成虫4个时期。还有一些昆虫如蝉、蝗虫等不经过蛹期就直接变为成虫，这叫作不完全变态。无变态的昆虫孵化后，一直保持原来的形态，如衣鱼等原始的无翅昆虫，它们在长大为成虫的过程中，身体结构几乎没有变化，被称为无变态昆虫。

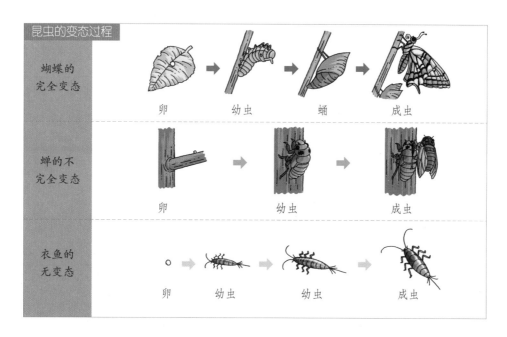

昆虫的变态过程

蝴蝶的完全变态	卵	幼虫	蛹	成虫
蝉的不完全变态	卵	幼虫	成虫
衣鱼的无变态	卵	幼虫	幼虫	成虫

飞得最快的昆虫是什么？

你超速了！

呜呜

轰隆隆！

轰隆隆隆 惊吓

呀啊

呃啊啊

这么快！

是、是什么东西？

是昆虫中飞得最快的澳大利亚蜻蜓吗？

这个嘛……

这不是蜻蜓吗？

蜻蜓原来就飞这么快吗？

我还以为是飞机呢！

是澳大利亚蜻蜓。

澳大利亚蜻蜓？

昆虫的飞行速度根据需要来定，寻找食物与被天敌追袭等情况不同，飞行速度也就不同，所以很难认定哪种昆虫飞得最快。

在一般情况下测量时，拥有最快飞行纪录的就是澳大利亚蜻蜓，时速达57.9千米。

澳大利亚蜻蜓：时速57.9千米

50CC摩托车：时速50千米

1994年，美国佛罗里达大学曾测量过公蛇追逐母蛇的速度，竟达到了每小时145千米！

嗨，美女！

呀啊啊啊

145千米？蛇这家伙飞得那么快呀！

简直是汽车速度嘛。

看来在追求异性这方面人与昆虫都一样啊！

最善于飞行的昆虫——蜻蜓

与由肌肉和骨头构成的鸟类不同，昆虫的身体构造比较简单。飞行昆虫的机动性非常好，可以自由地停止飞行或随意转换方向。飞行能力最强的当数蜻蜓。蜻蜓的膜质翅膀长而窄，网状翅脉极为清晰。蜻蜓飞得很快，每秒钟可达 10 米。它既可突然回转，又可直入云霄，还能后退飞行。蜻蜓的这种飞行能力是从哪儿来的呢？原来，蜻蜓的胸部富有弹性的蛋白质占体重的 24% 左右，所产生的能量使它 1 秒钟可扇动翅膀 25~30 次；另外，蜻蜓在高速飞行时，心脏可承受地球对其引力的 25 倍重力加速度，与战斗机飞行员仅可以承受 9 倍重力加速度相比，真让人惊叹不已。还有，蜻蜓的主要器官都被液体包裹着，所以在瞬间的重力变化下内部器官也不会受到损伤。

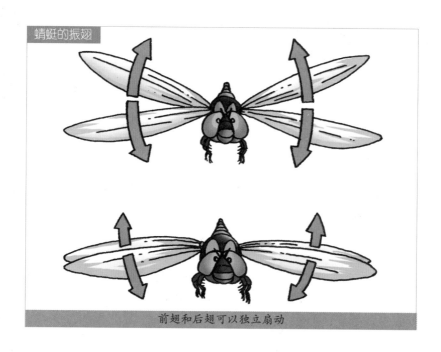

蜻蜓的振翅

前翅和后翅可以独立扇动

蜜蜂是怎样交流的？

比奥 白痴

唰……·····

是那儿吗？

是呀！

据可靠的小道消息，那里有大量蜂蜜。

你还有那样的消息源哪？

嗡嗡

趴、趴下！

呃！

在互联网上搜"蜂蜜"就会出来一大堆……

呸，我还以为……

嗡嗡

扑通

那是侦察蜂。

侦察蜂?

蜜蜂中有一些每天早晨四处寻找蜜的蜜蜂,就叫侦察蜂。

是吗?

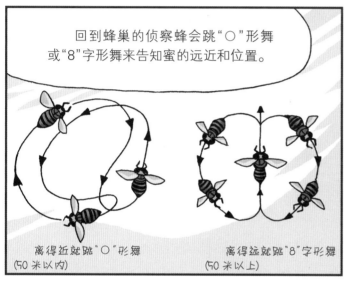

回到蜂巢的侦察蜂会跳"○"形舞或"8"字形舞来告知蜜的远近和位置。

离得近就跳"○"形舞
(50米以内)

离得远就跳"8"字形舞
(50米以上)

就等于告诉伙伴:"我找到了好吃的蜜,快跟我来吧"。

是一种交流呗!

那我们也用身体来发信号怎么样?

这主意挺好。

作战开始!

小心啊,比奥!

沙沙沙!

好了.

到了.

那信号是表示让我们快过来.

太棒了!

可以随心所欲地取蜂蜜了!

我要蜂王浆!

嘻

是入侵者!

呃

呀啊啊

嗡嗡嗡

竟然来偷我们的蜂蜜!

咦,怎么回事啊?你不是发信号让我们过来吗?

哪有什么信号!背突然痒痒挠了几下罢了!

快站住!

啪

啊啊啊

嗒嗒嗒 嗒

蜜蜂的"舞蹈语言"

集群生活的蜜蜂用"舞蹈"来交流并采集蜂蜜和花粉。侦察蜂根据食物的位置跳两种基本形态的"舞蹈",一种是"○"形的"圆舞",另一种是"8"字形的"摆尾舞"。

☠ "圆舞"的含义:

1. 食物与蜂巢的距离在 50 米以内;
2. "舞蹈"幅度越大,食物离蜂巢越近;
3. "跳舞"的蜜蜂散发出的气味可告知食物的种类。

☠ "摆尾舞"的含义:

1. 食物与蜂巢的距离在 100 米以上;
2. 直线的倾斜度表示太阳与花所在地的夹角;
3. 食物离得越远,"跳舞"的速度就越慢,画出"8"字形的频率也较低。

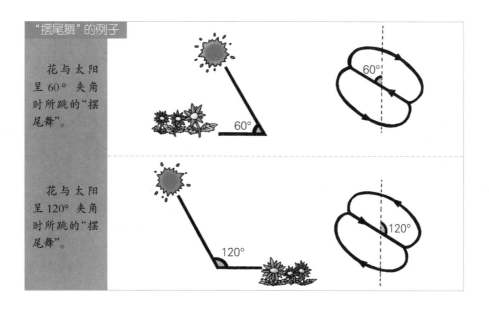

"摆尾舞"的例子

花与太阳呈 60° 夹角时所跳的"摆尾舞"。

花与太阳呈 120° 夹角时所跳的"摆尾舞"。

昆虫怎样防御天敌？

我们伪装成昆虫吧。

嗯？

去村庄偷点吃的吧，我快要饿死了！

什么，你是说要偷东西？

体重好像减轻了10千克！

所以要伪装成昆虫嘛！

啊！

反应太慢了。

队长的意思是，我们伪装成昆虫就算被发现，也认不出我们，是吗？

总算明白了！

对。

那他们会以为是谁做的呢？

当然以为是昆虫啦，白痴！

昆虫从卵到幼虫再到成虫的几个时期,都会用保护色来躲避天敌。

呜呜。

树叶上的昆虫卵和幼虫会呈现出与树叶相似的颜色,而蛹会拟态成树枝样。

卵

幼虫

蛹

枯叶蛾

昆虫的保护色

金毛四条花天牛

寄蝇

昆虫的警戒色

成虫不仅有保护色,还有警戒色。

警戒色是指某些有恶臭和毒刺的动物所具有的鲜艳色彩和斑纹,典型代表就是瓢虫。

看你敢不敢吃我!

感觉吃了会拉肚子……

只要我们善于利用昆虫的防御手段,就算被发现,也不会轻易遭到攻击的。

啊,这下明白了。

简单地说就是欺骗术!

终于完成了。

万物博士的家

这是应付巨型昆虫的超大型苍蝇拍。

哇啊!

怎么样啊?

一直为魔城周围乱七八糟的昆虫苦恼呢,这太棒了!

只要拍一下,一般的昆虫至少会休克。

啊,是那个吧?

没错

记得小时候我妈就把食物放在那样的地方。

都能闻到香味呢!

啪,沙沙沙……

是昆虫!

被发现了!

那些家伙,真显眼!

嗒嗒

干得好!

咿,刚才还在呢,被我打哪里去啦?

怎么以把人打那样啊!

我真以为是昆虫!

昆虫的防御手段

昆虫为了抵御天敌会采取各种各样的防御手段，如保护色、拟态以及利用天敌讨厌的味道、警戒色等。竹节虫、青虫等会把身体颜色和形状变成与周围的树叶或树枝相似的状态来迷惑天敌，保护自己。有警戒色的斑蝶身上有苦味的成分，鸟类吃了这种蝴蝶就会立刻吐出来，以后它就不会再去吃同样颜色的蝴蝶了。还有，像虻、天牛等昆虫的形态和颜色与蜂差不多，虽然它们没有蜂那样的毒针，但会模仿蜂的行为，所以不容易受到其他昆虫袭击。

会用拟态、警戒色等手段来防御敌害的昆虫(或其幼虫)

跑得最快的昆虫是什么？

这到底是哪里啊？

不知道啊，我也分不清是哪里了。

我们是不是迷路啦？

沙沙沙

那是什么？

是虎甲！

有人经过时，喜欢跑在人的前面……

虎甲？

是有名的短跑健将呢。

昆虫跑步能快到哪去啊！

你不知道吧？

除了飞行能力强的昆虫外，还有爬行能力强的昆虫。

蝗虫类和跳蚤类虽然翅膀退化了，但其后腿非常发达，是跳高能手。跳蚤跳起的高度可以达到自己身体长度的100倍。

跑得最快的昆虫是澳大利亚虎甲，1秒钟竟能跑2.5米。按体长比例换算成人类的体格来说，每小时可以跑1000千米！

那速度还想追我！

时速600千米

时速1000千米

跳蚤。

这不小事一桩嘛！

新纪录

哇啊啊啊

跳跃

昆虫的身体构造

昆虫身体分为头、胸、腹3部分；头部有触角1对（极少数无触角）；胸部为3节，每节有足1对；中胸和后胸节各有翅1对。有些昆虫翅膀发达，善于飞翔；有些昆虫跳跃、爬行能力很强，如斑蝥（máo）、蝗虫和跳蚤等。它们的能力虽然不同，但其足的数量却相同，都有3对足。

短跑冠军虎甲

虎甲是鞘翅目昆虫，大约有2000种，体长8~20毫米，体形虽小，却是一类残暴的肉食动物。它的颚又大又尖，特别适合捕食其他昆虫。虎甲是陆地上奔跑最快的生物（按体长比例计算），它每秒钟可以移动相当于其体长171倍的距离。如果将虎甲放大到与人类身高相等的长度，其奔跑速度是一级方程式赛车车速的两倍多。

行动神速的虎甲

萤火虫是怎样发光的？

昆虫竟能发出这么漂亮的光！

真是没白来呀！

会发光的一般都是雄性。

萤火虫靠近尾部的腹部可以制造出包含荧光素和荧光素酶的细胞。往这儿供应氧气会产生三磷酸腺苷。三磷酸腺苷与荧光素酶在结合的过程中会发出亮光。

氧

供应氧气

荧光素（发光物质）＋荧光素酶（酶）→ 三磷酸腺苷

亮光的颜色一般是黄色或黄绿色而且不发热。

这样啊！

轰隆

咦？

那上边好像有什么东西啊！

对啊，好亮啊！

会不会有更多的萤火虫啊？

快去看看吧！

哇啊啊啊！

离近点看吧。

好亮的萤火虫光啊！

应该是变大的萤火虫吧？

呃啊啊啊啊

别光看着，快拿水来呀！

谁叫你做饭时睡着的啊！

哐当

噗哈哈，叔叔你真搞笑。

逗死我了！

别惹我！

噗——

萤火虫的一生

　　萤火虫是鞘翅目萤科昆虫的通称。它们长到成虫后,交配产卵,大约生活2周就死去。与蜉蝣等昆虫一样,成虫不储备脂肪,仅仅进食一些露水或花粉等,而把全身心投入到繁殖上。雄性成虫通常在6~9月期间活动,发出亮光来吸引异性。雌性长得较大,雄性较小,雄性周期性地发出一闪一闪的亮光,同种的雌性就会发出信号予以回应,随即进行交配。交配后的雌性会在河岸产卵,11~13天后死去。幼虫在水中生活一段时间后,上岸变成蛹。每年6月,由蛹蜕变成的萤火虫雄性成虫会发出亮光装饰着夜空,非常美丽。

在河岸上产卵,20~30天内孵化

幼虫在水中吃螺类及甲壳类动物,生活250多天

上岸50多天内筑造土巢

在土巢中生活40天后变成蛹

6月份变成成虫

雌性成虫产卵后11~13天后死去

怎样区分昆虫的雌雄？

化装晚会？

听说魔城要举行魔界创立8000万年纪念活动。

太棒了，我们的机会来了！

对，这次是个绝好的机会！

呜呼！你也想跟我一块儿去了吗？

当然了。这种活动里一定会有很多的美食！

就是它，这是个好机会！

可以大吃一顿啊！

听我给你解释，别总胡说八道！

是！

啪啪

吱吱

这回不一样。化装舞会谁都认不出谁，我们可以趁大魔王不注意时袭击。

失败的次数太多了，我都没信心了……

相信我吧！

你和我各自穿上双叉犀金龟的幼虫皮和锹形虫的幼虫皮，潜入魔界化装舞会中。

又要伪装成昆虫吗？

怎么样？像不像真的双叉犀金龟的幼虫？

不像，说实话有点像怪物！

你找死啊！

队长，腹部的"V"字是什么意思啊？

嗯？

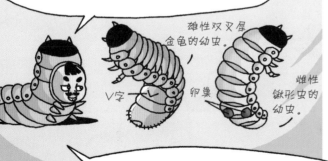

双叉犀金龟的幼虫腹部倒数第二节上有"V"字的是雄性，没有的就是雌性。

雄性双叉犀金龟的幼虫

V字 卵巢

雌性锹形虫的幼虫。

还有你穿的锹形虫的幼虫中，雌性臀部的倒数第三节卵巢在两侧特别明显，而雄性则看不到。

啊哈，就是说我跟队长都是雄性的吗？

嗯，快出发吧！

区分昆虫雌雄的方法

区分蟋蟀雌雄的方法

雌性　　　　雄性

尾部只有两个尾巴的是雄性，两个尾巴中间还长有一个突出来的产卵管的是雌性。

区分蝗虫雌雄的方法

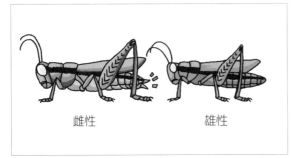

雌性　　　　雄性

雌性蝗虫比雄性的大一些。雌性的腹部末端有产卵管，而雄性没有。

区分蜻蜓雌雄的方法

雄性　　　　雌性

雌性蜻蜓的生殖器长在腹部末端，而雄性的交尾器（生殖器）长在第二节和第三节之间。

昆虫为什么会叫？

哇，景色真好！来这儿真是明智的选择！

喔喔喔

是吧，我的儿子？以后也常过来吧！

不就是个魔都后院嘛，又不是风景名胜！

后院怎么啦？

喔喔

喔喔

我这个魔都就数这儿最美了，不是吗？

身在福中不知福。

喔喔

喔喔（qū）！

喔喔

你给我安静点,要叫就去别的地方叫去!

囉囉

囉囉囉

竟把火发到无辜的蟋蟀身上。

这儿多好啊!远处传来的水声、风声,还有昆虫鸣叫声……

唰

囉囉

囉囉

你们都不嫌累吗?从早叫到晚!

囉囉

吵死了!

昆虫不是随意发出声音的,通常是在呼唤雌性或强调自己的势力范围呢。

蟋蟀通过一前翅上的音锉与另一前翅上的摩擦片互相摩擦而发出声音。

右翅

囉囉

左翅

真累

知了知了

囉囉

都给我闪一边去!

你算老几!

昆虫会用各不相同的声音来呼唤雌性,与同伴交流。

这样啊!

蝉的成虫只能活 20 天左右,所以它们会抓紧时间呼唤配偶呢!

昆虫靠什么发声

　　发声是昆虫"信息联系"的有效方式之一,它具有同伴之间求偶、召唤、报警,以及向敌害发出恫吓、攻击信号等作用。昆虫的发声方式是各种各样的:

摩擦发声　如蟋蟀的发音器由音锉和摩擦片组成。振翅时,左翅叠在右翅上,音锉和摩擦片相互摩擦而发出声音。

由口发声　如天蛾靠内唇发声,当咽部肌肉收缩形成的气流在口内出入时,遇内唇受阻而旋转,产生波动,发出犹如人"吹哨"的声音。

振翅发声　昆虫飞翔时翅膀的拍打、胸部骨片的振动,以及左右翅互相拍击而造成的声音。

膜振发声　发音器构造分为大小两室。昆虫体内壁肌肉收缩,使振动室内鼓膜发声,加之镜膜的协助和共鸣室的混响,声音就分外响亮,如蝉等。

碰击发声　如灰蝶中有些种类的蛹,以它的前端敲打树叶、小枝条发声。叩头虫,我们把它按在桌上,它的头和前胸就会连续地在桌上叩头作响。

尖头蝗虫
螽斯
蝉

昆虫也有大脑吗？

最后一道题，一加一是多少？

朋友们，对不起！

怎、怎么也想不起来！

什么？

有只蝗虫要申请上学？

是的，在接待室等您呢！

不就是会说点话了嘛，胆子越来越大了。

真受不了！

昆虫有可以接受课程的大脑吗？

有是有。

昆虫也有大脑，但不像人类的那样发达。据我所知，应该没有思考的能力。

90

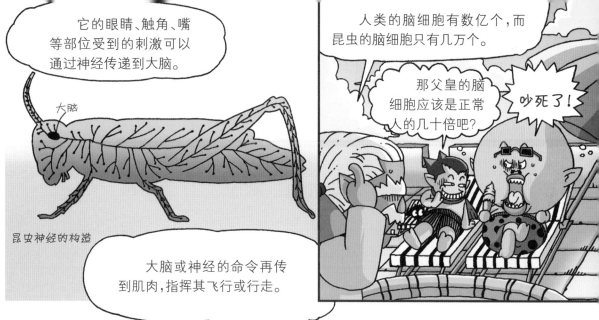

它的眼睛、触角、嘴等部位受到的刺激可以通过神经传递到大脑。

人类的脑细胞有数亿个,而昆虫的脑细胞只有几万个。

那父皇的脑细胞应该是正常人的几十倍吧?

吵死了!

大脑

昆虫神经的构造

大脑或神经的命令再传到肌肉,指挥其飞行或行走。

接待室

接待室

试试乘法吧。

如果算对这些题,就允许你入学。

这些都算不出来的话,你就放弃吧!

我算都要5个月呢,看你怎么样!

那我就不客气了。

正好肚子挺饿的!

哐当

咔吧咔吧

我让你算题,不是让你吃掉!

嗯?是这样啊!

白痴!

没有大脑也能走或跳的蝗虫

蝗虫的大脑与胸部的神经节相连接。大脑是动物中枢神经的主要部分,位于头部,有接受和处理体内外各种感觉信息、调节和影响躯体及内脏的运动等功能。有趣的是,蝗虫就算没有大脑也可以走或跳。因为蝗虫的大脑借着一对环绕内脏的腹神经与第一副神经节相连,而简单的运动正是由神经节控制的。

昆虫也有智力吗

虽说昆虫有捕食、筑巢、喂养幼虫等各种行为,但这并不意味着昆虫是有智力的。因为昆虫的脑细胞数只是人类的亿分之一到万分之一之间,其运动都是本能的条件反射所引起的。

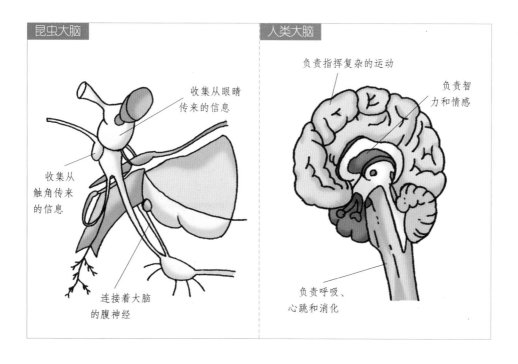

昆虫大脑

收集从眼睛传来的信息

收集从触角传来的信息

连接着大脑的腹神经

人类大脑

负责指挥复杂的运动

负责智力和情感

负责呼吸、心跳和消化

有能发射"炮弹"的昆虫吗？

不管有多饿多累,也不能放弃自尊心,否则是成不了大事的,知道了吗?

呸,竟然自己全吃光了!

嗯。

竟然在我的店前乞讨!喷?还多了一个!

再没钱也不能当乞丐呀,没出息的家伙!

真可怜!

对了,我带来了一只非常棒的昆虫。

是个很危险的家伙。

嘻嘻!

唰!

啊啊

哇,长得真吓人!这是什么昆虫啊?

它叫步行虫。

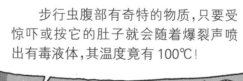

步行虫腹部有奇特的物质,只要受惊吓或按它的肚子就会随着爆裂声喷出有毒液体,其温度竟有100℃!

是典型的使用"化学武器"的昆虫,为了保护自己会放出有毒的液体。

呱 呱

砰

跟步行虫一起潜入村子里，大魔王一经过，就按下步行虫的肚子！

呜呼，这次肯定能成功了！

哇，长得还真肥呀！

你们干吗？

啪

队长，那个昆虫真大！

咦?

吃什么长得这么胖啊？让我按按看！

住、住手，不能按！

使劲

哇！

砰

砰砰

呃！

啊啊啊

哎，不是刚才那些乞丐嘛！

真、真可怜啊！

咻哦哦哦哦

受惊就放臭屁的步行虫

步行虫受到惊吓就会从肛门喷出臭气。步行虫肛门处有一个小囊，受惊的时候，会喷出有毒的黏糊糊的褐色液体来对付敌人。有趣的是，这种液体能达到100℃，接触空气后会汽化，变成刺鼻的臭味，伴随着响亮的声音，足以吓退胆小的敌人。如果人的皮肤被喷到，就会变红，并会感到疼痛。步行虫在美洲、亚洲和非洲都能见到。

步行虫

拥有类似防御能力的昆虫

除了步行虫，还有其他通过喷射化学物质来保护自己的昆虫。如蚂蚁会把蚁酸喷向敌人来逃脱危险，草蛉用喷出的臭味来熏走敌人，虎甲利用刺鼻的汁液来赶走敌人。

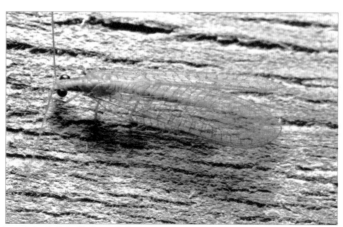

喷臭味来保护自己的草蛉

最大的昆虫是什么？

就那样输掉了？

真没想到螳螂那么厉害嘛！

咕咕！

没出息的家伙！

在技巧上是肯定赢不了螳螂的，帮我找个体格大点的昆虫吧，父皇！

体格大点的嘛——

到底！

你是昆虫吗？

光看体格的话，倒是有个合适的！

从长度上来看，最大的昆虫是在马来西亚发现的竹节虫，体长为 55 厘米。生活在南美洲的花金龟中还有体长约 12.5 厘米，体重为 100 克的。

马来西亚竹节虫

大王花金龟

好！好大呀！

它们都生活在温暖地区。温暖地区有丰富的嫩草和树木，幼虫很容易获得营养，变为成虫后还能继续生长。

好吧。

马上给我找来最长的马来西亚竹节虫！

多谢父皇！

用魔法把我和竹节虫合为一体吧。我想亲自变成竹节虫来修理那只螳螂！

这主意也挺好。让它输得心服口服！

世界上的巨型昆虫

 体形最大的甲虫

亚克提恩大兜

体形最大的甲虫是亚克提恩大兜，它体长约 12 厘米、宽约 8 厘米、高约 4 厘米，栖息在南美洲，以草为食。

 身体最长的昆虫

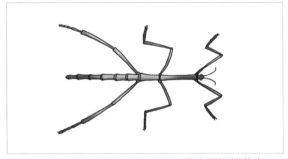

马来西亚竹节虫

身体最长的昆虫是马来西亚竹节虫，体长可超过 40 厘米，主要生活在树上，用保护色来保护自己。

 最大的蝴蝶和蛾子

亚历山大鸟翼凤蝶和天蚕蛾

最大的蝴蝶是亚历山大鸟翼凤蝶，其翼展有 30 厘米，比普通的鸟都大。蛾子中最大的是天蚕蛾，其翼展约有 27 厘米。

谁是昆虫界最优秀的建筑师？

本来就破得到处漏雨呢，现在连柱子都给弄坏了！

没事，我来处理吧！

我去动员蜜蜂，不仅可以修复柱子，连魔都也顺便装修一下吧！

什么，你要动员蜜蜂？

放心吧！

昆虫为了产卵，储备食物，照顾幼虫，都会各自筑巢。

其中最有名的建筑师就是蜜蜂，蜜蜂可以利用身上的蜂蜡来制造六角形的巢。

哇，这挺好啊！

一定会让您满意的！

六角形的不仅比四角形的能储存更多的蜂蜜，而且还更坚固。

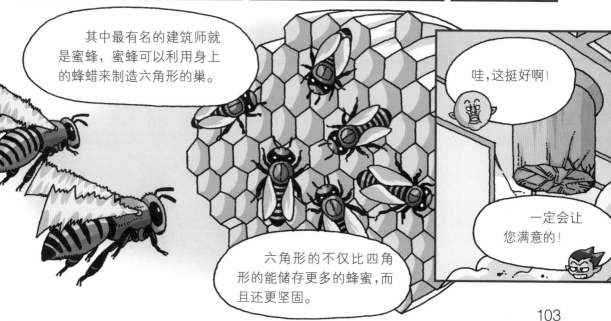

103

最优秀的昆虫建筑——蜂巢

蜜蜂用自身分泌的蜂蜡来筑巢。制作 1 克蜂蜡约需 20 克蜂蜜。筑巢最基本的原则是用最少的材料来制造最大的空间。蜂巢不仅要支撑比巢还重的蜂蜜，还需要足够的空间来照顾持续出生的幼蜂。蜂巢是由六角形的微微倾斜的房室组成的。这种构造使呈黏液状的蜂蜜不至于流出房室。一个房室与周围的六个房室共用一堵"墙"，这样可以节省很多宝贵的蜂蜡。

蜜蜂和蜂巢

谁是昆虫界的游泳高手？

* 流线型运动物体为了减少水或空气的阻力，呈前圆后尖的形态。

水生昆虫

　　游泳高手龙虱和仰泳高手仰泳蝽都生活在水中，像这样生活在水中的昆虫就叫水生昆虫。生活在陆地上的昆虫在寻找食物和躲避天敌时，能够进入水中并适应下来的昆虫就是所谓的半水生昆虫。水生昆虫有常年生活在水中的，也有短期生活在水中的，除了几种生活在海里的昆虫外，大多数都生活在河川或湖泊中。水生昆虫还可以分为生活在流水中的昆虫和静水中的昆虫。生活在流水中的昆虫主要有紫跳虫的幼虫、河蝼蛄的幼虫，等等。生活在静水中的昆虫有龙虱、豉(chǐ)虫、半翅目中的大田鳖、蝎蝽、日本红娘华、负子虫、仰泳蝽、水黾(miǎn)，等等。

各种水生昆虫

水生昆虫在水里怎样呼吸？

不用装备也能在水中呼吸？

这可能吗？

不信的话，就让您见识见识吧！

骗人的吧？

呃呃！

出来吧。

那、那不是蟑螂吗？

我最讨厌被误认成蟑螂了！

是水虿。

有必要跟那种蟑螂学吗？

我是水虱，水虱啊！

不好意思！

哼！理解能力真差！

为了学习在水中也能呼吸的方法，我特地请它来的呢！

心情变糟了呢！

是吗？

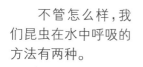

不管怎么样，我们昆虫在水中呼吸的方法有两种。

就这样回去吗？

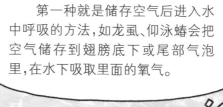

第一种就是储存空气后进入水中呼吸的方法，如龙虱、仰泳蝽会把空气储存到翅膀底下或尾部气泡里，在水下吸取里面的氧气。

第二种就是将气管伸出水面进行呼吸，如蝎蝽和日本红娘华把尾部的气管伸出水面，直接吸取空气中的氧气。

蝎蝽

日本红娘华

哦，就是说利用你们昆虫在水中呼吸的方法，就算没有水肺装备也可以潜水啰？

是的。

值得一试啊！

111

这是仿照蝎蝽的呼吸器官做的装备。

真帅!

哦?

太棒了，这下就可以在水里呼吸了!

还挺沉呢! 姿势也有点……

我果然是个天才。

那我就相信你一次吧。

漂亮的跳水!

奇怪了……

怎么已经过了 10 分钟还没什么消息呢?

是不是出问题了?

你说什么? 这可是我煞费苦心制作的装备。他一定是在开心地转来转去呢!

不是最好了……

呃呃，气管插进泥里了，拔不出来!

这、这不是实心铁块嘛!

嘀嘀

嘀嘀

好沉!

我以为这样能坚固一些嘛……

水生昆虫在水下怎样呼吸

　　人靠肺来呼吸。通过气管进入肺中的氧气,再通过血管溶进血液中传到全身。鱼用鳃吸收水中的氧气进行呼吸。昆虫通过连接外部的气管进行呼吸。水生昆虫的幼虫利用皮肤变成的鳃吸取水中的氧气进行呼吸,如水虿,但成虫却是直接呼吸的,不同种类的成虫其呼吸方式也有差异。龙虱、仰泳蝽、负子蝽等昆虫是在水上储存空气后进入水中呼吸的。而蝎蝽、日本红娘华、大田鳖等半翅目昆虫则是把长长的气管伸出水面直接在空气中呼吸。

负子蝽
在翅膀和腹部的间隙中储存空气进行呼吸

龙虱
用储存在尾部气泡里的氧气进行呼吸

日本红娘华
把尾部的气管伸出水面进行呼吸

水虿(蜻蜓的幼虫)
用鳃进行呼吸

蚊子为什么吸血？

什么，你被蚊子叮了？

呜呜……

献帮帮忙吧血

吸血文化的代表——吸血鬼竟被蚊子吸了血，这成何体统？

我也是一时疏忽！

本来就缺血，现在又冒出来一群大型蚊子，我们也得想想办法了！

真是个麻烦事儿啊。

唉！

爸爸，蚊子为什么会吸血啊？它们也是我们这样的吸血种族吗？

呃

微不足道的害虫怎么可以跟我们正统吸血鬼家族相提并论呢！

反正不都是吸血嘛……

雄蚊通常吸食草或水果的汁液，而雌蚊吸食血液，以补充产卵时消耗的能量。

也太耍帅了吧！

唰啦

除了蚊子，跳蚤和尘螨等动物也吸血。人或动物在呼吸时会排出二氧化碳，这对吸血昆虫有极大的吸引力。

二氧化碳

哇，好香啊！

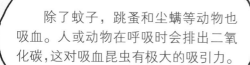

跳蚤　　尘螨　　蚊子

也就是说，蚊子在感知动物身体散发的蛋白质气味后才吸血，所以不会叮死去的动物。

库拉，大事不妙了！

咦？

是比奥的声音啊！

村庄出现了一大群蚊子，现在正疯狂地吸村里人的血呢！

什么？

帝帝忙吧血

好吧，我去把它们都赶出魔界，出发！

真帅！

等等我们！

蚊子吸血的原因

　　雄蚊不吸血，以花蜜和植物汁液为食。而雌蚊仅靠吮吸植物的汁液和花蜜是不够的，为了促进体内卵的成熟，雌蚊就要叮咬动物或人类以获取血液。它吸的血越多，产的卵就越多。由于雌蚊腹部内侧有许多褶皱，因此雌蚊可以在体内储存相当于自身体重 2~3 倍的血液。吸完血的蚊子会落在附近的墙壁或植物上休息并消化，待 2~3 天卵成熟后，就寻找附近有水的地方产卵。雄蚊可生存 7~10 天，雌蚊能存活 1~2 个月。雌蚊一生产卵 3~7 次，一次能产 100~150 个卵。

雌蚊产的卵在水中孵化后成为幼虫（孑孓）

蚂蚁是怎样集群生活的？

今天我们来上角色扮演课！

哇，一定很好玩！

太棒了！

嘿嘿，反应果然不错。

今天你们将扮演蚂蚁，体验蚂蚁的集体生活……

哐当

我负责血液科。

我当护士。

我是医院高级医师！

你哪里不舒服啊？

我是患者。

为什么按自己的意愿玩医院游戏？

不是医院游戏吗？

不是医院游戏，而是扮演集体生活的蚂蚁！

蚂蚁的集体生活？

它们分为与女皇交配产卵的雄性，不能交配的雌性，而大部分的工作都由工蚁（雌性）来做。

蚂蚁、白蚁、蜜蜂等社会性昆虫是按照等级来分工的。

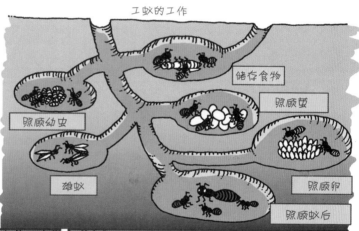

工蚁的工作

储存食物

照顾蛹

照顾幼虫

雄蚁

照顾卵

照顾蚁后

老师！

为了更好地体验，我来寻求父皇的帮助吧。

是吗？那当然好了！

真懂事！

群居生活的昆虫

　　蚂蚁是典型的社会性昆虫,具有社会性昆虫的 3 大要素:1.同种个体间能相互合作照顾幼体;2.具有明确的劳动分工系统;3.子代能在一段时间内照顾上一代。目前生物界正在努力研究多达数十万只的昆虫是怎样结为一体、相互协作,怎样以一个整体进行活动的。

蚂蚁的群居生活

　　蚂蚁生活在除了北极、南极、海拔很高的山顶、少数的岛屿之外的世界各处的陆地上,它们在地底、堆肥、枯树等处筑巢。蚂蚁有不同的类型,每一类都有其专门的职责。长有翅膀的蚁后与雄蚁进行"飞婚"交配产卵,大部分卵将发育成雌性,即工蚁。它们负责建筑并保卫巢穴,照顾蚁后、卵和幼虫,以及搜寻食物。到了一定时候,会产生新的蚁后与雄蚁。它们有翅膀,从巢穴里集群飞出。交配以后,雄蚁死去,新的蚁后则开始统领另一个群体的生活。

蚂蚁巢　　　　　　　　　　　工蚁

在枯树上的蚁巢　　　　　　照顾卵的工蚁

水龟是怎样浮在水面的？

哇！这就是模仿水龟做的机器人吗？

果然……

太帅了！

这是学习可随意在陆地和水上行走的水龟做成的全天候水陆两用机器人。

嘻嘻！

咕噜！

水黾浮在水面是因为水的表面张力。表面张力就是液体在与气体等不同状态的物质接触时，液体有把接触的表面积缩小的倾向。

水黾是可以浮在水面的昆虫，但如果它的身体或头先掉进水里的话，就可能溺死。

利用玻璃杯进行的表面张力实验

如果装一半水，水与杯的接触面比水的表面更高

相反，如果装满水，水的表面更高

水黾的脚上长有无数根细毛，所以表面积非常大，细毛上的油脂又加大了表面张力，这样水黾就足以浮在水面了。

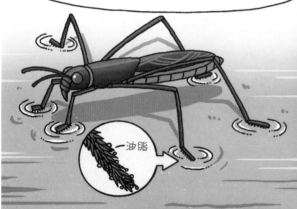

油脂

利用这种科学原理而制成的机器人就是VX-1。

太棒了！

那就买下它了。

这是个明智的选择。

但在付钱之前，可不可以先试试看？

当然可以！

队长，我们一分钱没有，怎么……

嘘——安静点，上去再说！

太妙了!

先坐上去,把他搞定后就逃跑!

有一点要注意:别的都可以碰,但千万不要按中间的红色按钮,那是自爆按钮。

自爆按钮?

哇,驾驶舱挺像那么回事儿呢!

噗哈哈,这下魔界就是我们的了!

听见没? 不能按中间的红色按钮!

早点说啊!

砰砰

啊啊啊啊

一分钱没有,还把人家的机器人给弄坏! 快赔钱!

我都说不买了!

我们也是受害者

池塘中的"溜冰者"——水黾

　　水黾重约 30 毫克,比水轻。 此外,水黾足的附节上,生长着一排排不沾水的毛,毛上还有一些气泡,可产生浮力。所以,与其足接触的那部分水面会下凹, 但它的足尖不会刺破水的表面张力。水黾长有 3 对足,前足用来捕食,中足用来跳跃,后足用来在水面滑行,这样它就可以在水面上自由自在地行动了。

水黾 3 对足的作用

后足可以划水,前足可以捕食

没有中足就不能往前游

少一只后足就不能控制方向,只能原地打转

没有前足和中足就站不稳

以幼虫形态生活最久的昆虫是什么？

叫我哥哥,小破孩!

哥

什么,让我做个变成昆虫的符咒?

干什么用啊?

想控制昆虫,不亲自变变看怎么行啊!

就几天。

哦,这主意挺好。不愧是我的继承人!

这不算什么啦,嘿嘿!

那你想变成什么昆虫啊? 蝴蝶、蛾子,还是蚂蚁?

这个嘛……

什么比较好呢?

那就变成蝉吧。

蝉？

蝉不是代表着夏天嘛。

好吧，马上给你做符咒！

哗啦

什么？

为什么？

您是说给王子做了变成蝉的符咒吗？

嗯。

有什么不妥吗？

夏天，蝉在树枝上产卵，孵化出来的幼虫一般会在地底下待 3~5 年后再出来变成蝉。

3~5 年？

成虫也就活个 20 天，产卵后就死去。油蝉是 7 年，蟪蛄是 4 年，生活在北美洲的蝉是以幼虫形态生活最久的，达 17 年之久，叫 17 年蝉。

蜕皮

卵

幼虫 3~17 年

那、那样的话，比奥会在地底下生活 3~5 年？

要赶快找到王子！

127

蝉的一生

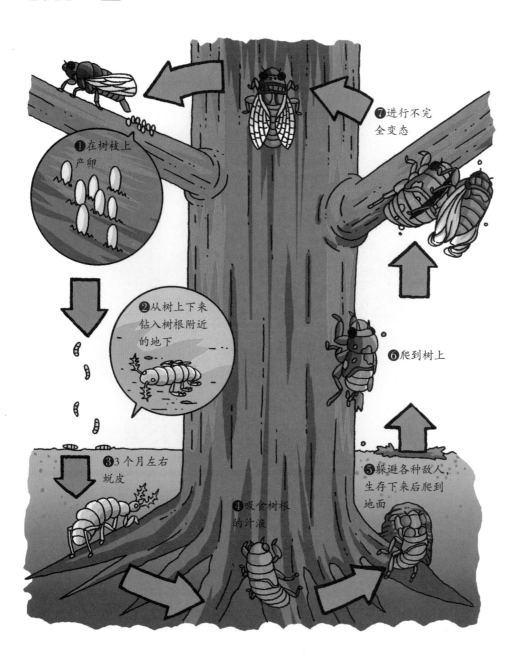

❶在树枝上产卵

❷从树上下来钻入树根附近的地下

❸3个月左右蜕皮

❹吸食树根的汁液

❺躲避各种敌人，生存下来后爬到地面

❻爬到树上

❼进行不完全变态

昆虫眼中的世界是什么样的？

我看得一清二楚！

啊啊！

再来，这水平还想参加拳击比赛啊！

呃。

呼哈呼哈

啪

连这么慢的拳都躲不过啊！

呃

啪

为什么总会被我打，你就不能动动脑袋啊？

脑袋！

砰砰

130

哇啊啊，打倒父皇了！

魔、魔王大人！

呃呃呃

晃晃 悠悠

哐

我说的脑袋不是头，而是指大脑啊，大脑！

是！

呼，大魔王的儿子运动神经这么差，怎么得了呀！

疼死我了！

呜呜……

给比奥王子移植上昆虫的眼睛怎么样啊？

什么，昆虫的眼睛？

昆虫的眼睛一般由1双复眼和3个单眼组成，其中单眼只能感知光的强弱。

复眼由无数个六角形的小眼聚集而成。每个小眼都有个晶状体，各小眼感知的各种物象再结合成一个完整的物象。

小眼

复眼

单眼

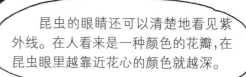

昆虫的眼睛还可以清楚地看见紫外线。在人看来是一种颜色的花瓣，在昆虫眼里越靠近花心的颜色就越深。

魔界村儿童拳击大赛

比奥加油!

哇 哇

这能行吗?

昆虫的眼睛没有人类的好。

但呈马赛克状的复眼可以更夸张地看到物体的运动,所以连微小的动作都可以灵敏地捕捉到。

这家伙的眼睛好奇怪啊!

嗯,那更值得看看了。

呀啊啊啊

沙沙沙

什么嘛

呀啊啊 沙沙 呀啊啊 沙沙

要么攻击,要么防守,既然上来了就要打,总是躲避怎么行啊!

沙沙沙沙

裁判叔叔,帮我抓住他好吗?

算他弃权吧!

这回给弄成鲫鱼的眼睛吧。

下来吧!这哪是拳击比赛嘛!

啊,丢死人了!

退票!

我还以为大魔王的儿子有多厉害呢!

吵死了!

昆虫的复眼

复眼是昆虫的主要视觉器官,由许多六角形的小眼构成,每个小眼单独成像,可感觉物体的形状、大小及颜色。复眼中的小眼都各有独立的晶状体,所以看物体的角度也都不同。小眼的数目、大小和形状在各种昆虫中相差很大,蜻蜓有 28000 个小眼,苍蝇有 4000 个小眼,蚂蚁只有 6 个小眼。

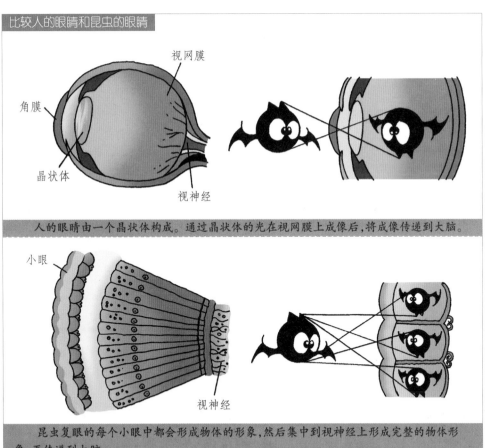

比较人的眼睛和昆虫的眼睛

视网膜

角膜

晶状体

视神经

人的眼睛由一个晶状体构成。通过晶状体的光在视网膜上成像后,将成像传递到大脑。

小眼

视神经

昆虫复眼的每个小眼中都会形成物体的形象,然后集中到视神经上形成完整的物体形象,再传递到大脑。

昆虫扇翅的声音为什么各不相同？

闲着也是闲着，模仿一下蝗虫的声音吧！

扑腾扑腾

是蝗虫的声音！

啊，小命差点没了！

幸亏还剩个召回符咒，要不就有可能被鼹鼠吃掉了！

是大魔王做的吧？

哎呀，地面的空气真好！

一定是。拥有这种能力的也只有大魔王了。

那我们一定要报仇！

当然了。大魔王对我们施咒，就表示我们的行踪已经暴露了。

我们就要实行占领魔界的计划了！

等着瞧吧！

队长，加油！

呀啊啊

猛地

捕虫网我能理解，但声音探测器能用来做什么啊？

这是为了这一天而准备的东西。

大型捕虫网和声音探测器。

嗯？

昆虫不仅不协助我们，甚至开始攻击我们了。

用这个声音探测器掌握昆虫扇翅的声音后，用捕虫网来捉一些合适的昆虫。给它们服下"服从丸"，让它们无条件地服从我们的命令。

主意是挺好，但要怎么通过昆虫扇翅的声音来判断其种类啊？

真有你的啊！

昆虫翅膀的形状和扇翅的频率各不相同。

雌蚊一秒内扇翅 600 次来发声诱惑雄蚊。地蜂一秒内扇翅 130 次并发出频率为 130 赫兹的声音，而蜜蜂一秒内扇翅 225 次，发出 225 赫兹的声音。

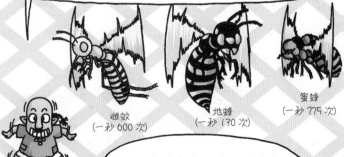

雌蚊
(一秒600次)

地蜂
(一秒130次)

蜜蜂
(一秒225次)

这种声音是由昆虫扇翅时的气压变化而产生的。

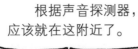

蚊子扇翅吸引异性

　　蚊子为了交配就以扇翅所发出的声音来吸引异性。平时,雄蚊扇翅速度比雌蚊快得多,发出的声音频率也更高,但在交配期,它会故意放慢扇翅的速度,降低发出声音的频率。感知到变化的雌蚊会调整扇翅速度,以发出与雄蚊一样的声音。也就是说,雄蚊只是调节扇翅频率而已,而雌蚊则呼应配合来诱惑对方。雌蚊与雄蚊这样配合只用1秒钟。另外,通过对多对雌、雄蚊进行实验的结果显示,各对发出声音的频率也是有差异的。用声音来吸引异性昆虫的还有蟋蟀、蝉等。除了用声音外,还有以其他方式吸引异性的,比如萤火虫用光,蛾子用气味,等等。

昆虫的触角有什么作用？

怎么样,好看吧?

晕死我了!

让我帮你治疗触角?

由于被蜜蜂袭击，右侧的触角断掉了。

哼,说谎!

蜜蜂怎么可能袭击大胡蜂呢?肯定是在袭击蜜蜂时受的伤!

我决不会给使用暴力的昆虫治疗,你另请高明吧!

挺不好对付啊!

好吧,那这样呢?

哇,好甜啊!这蜜是从哪儿来的?

你把我当成什么人了,你以为我会收你的贿赂吗?快给我拿开!

这也行不通?

谁让你吃啦?

这回可以给我治了吧?

给我就吃嘛!

但是,对昆虫来说触角真的有那么重要吗?

凑合活着不就行了嘛!

嗝

昆虫的触角可以具有人类的眼睛、鼻子和嘴等器官的全部功能,是一个综合的感觉器官。

触角上的小孔和毛可以感知物体的行动、气味、温度、触感和湿度。昆虫还可以用触角来进行交流。

今天的气温为零下28℃,湿度为30%。

视力不好或夜行性的昆虫,其触角更发达一些,缺少任何一根,都不能正常行动。

哎呀,没想到触角竟然这么重要啊!我还以为就是摆样子的呢!

你的眼睛也是摆样子的吗?

就是说掉了一根就不均衡了,那让我来给你治吧。

嗯,你来?

你也会吗?

比奥,你怎么会治病啊!还是让它回去吧。

我真的可以,叔叔!

连药都不敢吃的家伙……

好吧,快给我治一治吧!

这、这能好使吗?

什么?

哪来那么多疑虑!当然可以了!

竟敢怀疑我的实力!

我不是那个意思……

这个……真没什么问题吧?

猛地

咳,你就相信我吧。这个还可以拉长呢!

你这白痴!你哪配当昆虫之王的大胡蜂啊!

滚开

忍忍吧

听说这还是最新的天线呢!

昆虫的触角

　　昆虫的头部有两根像天线一样的须，叫作触角，形状各异，十分奇特。触角是昆虫的综合感觉器官，主要有嗅觉和触觉功能，有的还有听觉功能。触角上长有小小的孔和毛，不仅可以感知物体的运动、气味，还可以感觉到温度和湿度，可以帮助昆虫进行通信联络、寻觅异性、寻找食物和选择产卵场所等活动。因此，昆虫的触角要是出现了问题，就会威胁到它们的生命。

☠ 形状各异的触角

　　一般来说，雄性昆虫的触角长一些，而且视力越不好，触角就越长。还有，夜行性昆虫的触角比昼行性昆虫的更发达一些。昆虫的触角各式各样，有像天牛那样长长的，有像蟋蟀那样呈丝状的，有像松墨天牛和家蚕那样呈双栉齿状的，还有像蜻蜓那样已经退化的，等等。

天牛
锹形虫
蝗虫
蝴蝶

昆虫是怎么过冬的？

我知道你在里面呢，快出来吧！

队长！

已经把要攻打魔城的昆虫带来了！

终于到了决战的日子了。

唧

聚集那么多昆虫一定很辛苦吧，有劳……

哪里哪里！

唧啦

蟑螂五兄弟

亮相

喂，你这白痴！聚集来的就这么5只吗？

而且还都是蟑螂！

这都是好不容易才……

大多数变大的昆虫都处在食物缺乏的状态，别说是参与计划了，还集体抗议希望恢复原样呢！

什么？好不容易变大的，现在又……

不讲义气的家伙……

再加上冬眠的昆虫，所以数量就更少了。

什么，冬眠？

你在跟我开玩笑吗？昆虫怎么可能冬眠呢？

找死啊！

真的！不过这不叫冬眠，叫休眠。

昆虫对气温的变化非常敏感，周围温度变低，体温就降下来不能活动。

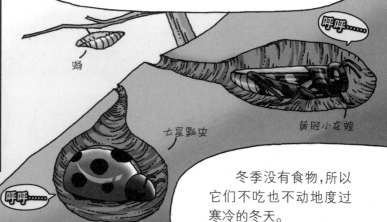

所以大多数昆虫以卵、幼虫或蛹的形态来越冬，也有少数以成虫的形态越冬的。一般会在5℃左右的地方，休眠约40天后苏醒，迎接春天。

呼呼……

蛹

七星瓢虫

黄胫小车蝗

呼呼……

冬季没有食物，所以它们不吃也不动地度过寒冷的冬天。

昆虫怎样越冬

在天寒地冻、食物缺乏的冬天，大多数昆虫会通过休眠或以卵、幼虫、蛹等形态来越冬。昆虫身上的毛或触角可以感知温度，到了温暖的春天再出来活动。

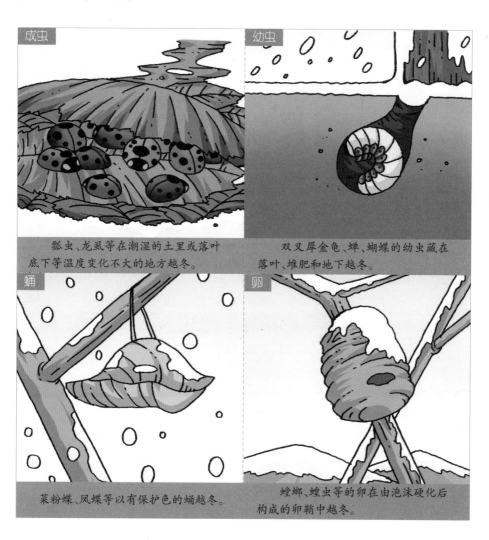

成虫

瓢虫、龙虱等在潮湿的土里或落叶底下等温度变化不大的地方越冬。

幼虫

双叉犀金龟、蝉、蝴蝶的幼虫藏在落叶、堆肥和地下越冬。

蛹

菜粉蝶、凤蝶等以有保护色的蛹越冬。

卵

螳螂、蝗虫等的卵在由泡沫硬化后构成的卵鞘中越冬。

昆虫有听觉吗？

呜哈哈哈，终于做好了！

这是当代最伟大的发明！

那是什么呀？

是扫帚吗？

不觉得有多伟大呀！

哼，是你不识货吧！

长得真恶心！

哗啦

昆虫不是没有耳朵吗？

当然没有啦！

这是模仿昆虫的听觉器官而做的声音感知装置！

昆虫可以通过长有很多毛的触角来感知声音，或者通过前肢或腹部的鼓膜器来听声音。

真好听！

蛾子可以通过腹部上的鼓膜器来感知天敌蝙蝠的超声波。

咦，附近出现了蝙蝠！

啪啪

啪啪

鼓膜器

这就是模仿昆虫的感知器官触角和前肢而做成的。

亮相

戴上那个，真的没有耳朵也能感知到声音吗？

外观真难看！

当然啦！

把这个做成产品来卖的话，一定特别受欢迎！

那我要当生产科长，比奥！

咳，应该叫我老板或会长！

昆虫的听觉器官

　　昆虫虽然没有哺乳类动物那样的耳朵，但它们也有听觉器官，可以感知高频声波，这种听觉器官就叫鼓膜器，是昆虫听觉器官的一种。鼓膜器一般都不裸露在体外，而是藏在身体里面。鼓膜器一般对高音敏感，对低音较迟钝。鼓膜器所在位置，因昆虫的种类而异，蟋蟀、螽斯的鼓膜器在前足胫节的基部，蝗虫和蛾子的在第一腹节两侧，苹蚁舟蛾、毒蛾和夜盗蛾的长在后胸两侧，而蝉的在第二腹节上。

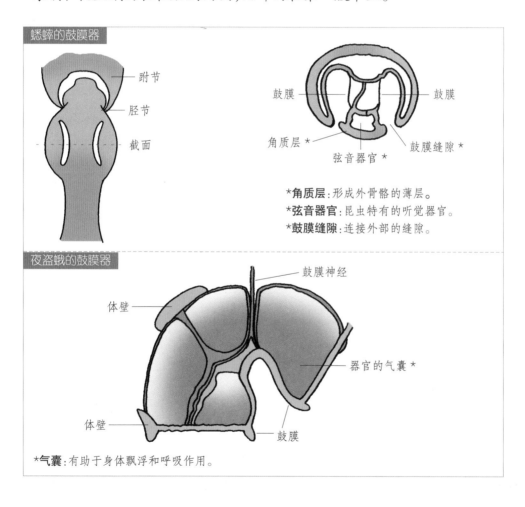

蟋蟀的鼓膜器

跗节

胫节

截面

鼓膜　　　　　　　　　　　　鼓膜

角质层 *　　　　　　　　　鼓膜缝隙 *

弦音器官 *

*角质层:形成外骨骼的薄层。
*弦音器官:昆虫特有的听觉器官。
*鼓膜缝隙:连接外部的缝隙。

夜盗蛾的鼓膜器

鼓膜神经

体壁

器官的气囊 *

体壁

鼓膜

*气囊:有助于身体飘浮和呼吸作用。

怎么区分蝴蝶和蛾子?

醒一醒啊!

呼呼……

呼呼……

怎么样啊?

是我朋友!

咦,让你帮我找兼职学生,怎么找来只昆虫啊?

它可以胜任的!

魔界文具店

虽然是昆虫,但它既正直又诚实!

看起来不像啊!

啊,天气真好!

这种天气最适合玩儿了

啪嗒

不管怎么样，先试用一下吧，您会满意的。

试用一下……

你这家伙，这是什么态度啊！

啊，不好意思啊！

好吧。那我就相信你一次吧！

咧啦

谢谢！

但这个蝴蝶长得还真凶啊！

它不是蝴蝶，是蛾子！

蛾子？

蝴蝶和蛾子长得很像，都由一个躯干和两个翅膀组成。

另外它们都长有管状的嘴，都经过卵、幼虫、蛹而成为成虫。蝴蝶的前、后翅的翅脉相同，触角呈锤状或棒状，而蛾子前、后翅的翅脉不同，触角微尖，呈丝状或羽状。

妹美凤蝶

天蚕蛾

好吧，今天就开始工作吧！

遵命！

魔界文具店

白天活动的蝴蝶

蝴蝶前、后翅的翅脉相同，翅膀上的鳞粉少而均匀，触角呈锤状或棒状，眼睛非常发达，可直接用眼来寻觅配偶。与其身体相比，蝴蝶的翅膀宽大，颜色鲜艳；停歇时，翅膀折叠与背垂直。蝴蝶白天活动，主要吸食花蜜。全世界大约有1.4万种蝴蝶。

夜间活动的蛾子

蛾子前、后翅的翅脉不同，其触角呈丝状或羽状，大多数都有绒毛，而且从基部到尖端越来越细。蛾子的感觉器官特别发达，所以会用外激素来寻找配偶。蛾子鳞粉多而不均匀，飞行前摇晃身体而发热，体温升高后飞行，静止时双翅平伸。它主要吸食树汁，前、后翅有特殊的连接器。全世界约有15万种蛾子。

昆虫和植物是敌还是友？

吃了我的蜜总得做点啥吧！

今天我们整理一下后山上的花园吧。快点准备啊！

是！

准备好了，父皇！

你要去战场吗？

嗡嗡

让管家给你挑个像样点的衣服！

准备好了，魔王大人！

......

赶紧出发吧，要不就来不及了。

还有多远啊？

到了，就是这儿。

咦，花怎么跟以前一样呢？根本就没开嘛！

正常的话，这时候应该开满花的啊！

为什么会这样呢？

花是通过昆虫传粉来繁殖的，看来是出什么问题了。

会不会是因为昆虫变大的缘故呢？

昆虫怎么啦？

少数昆虫（蝴蝶和蜂）与植物是共生的关系。

昆虫以植物为食而繁殖，而植物也通过昆虫来进行传粉。鳞翅目的幼虫都是吃植物的叶子而长大并储存能量的。

嗯，真甜啊！

吃完了！

哇，这儿也挺好吃！

之后经过蛹而变为成虫的话，就会帮助植物进行传粉。

是不是大多数昆虫都变大了，缺少传递花粉的昆虫，所以才出现这种现象的呢？

嗯。

这样下去的话……

真是个事儿。

我有个好办法！我跟朋友一起把没变大的昆虫都捉到这附近来怎么样？

行，这是个好主意！

那我马上行动！

原来还有这种方法啊！

一个月后

呃！

这是怎么搞的啊？你到底捉来了什么昆虫啊？

蚜、蚜虫啊！

也就了万只左右。

蚜虫是对植物有害的昆虫。

我的花呀！

不把花园恢复原样，休想回来！

太过分了

植物对昆虫的帮助

☠ **提供食物**：植物的所有部位都可能是昆虫的食物。

☠ **提供猎场**：螳虫、黄守瓜等昆虫躲在植物中捕捉其他昆虫。

☠ **提供窝巢**：植物给昆虫提供窝巢的材料。

昆虫对植物的帮助

☠ **搬运花粉**：蜂或蝴蝶等采蜜时，把花粉抹到雌蕊上，帮助植物结果。

☠ **提供肥料**：昆虫的排泄物和尸体是植物很好的肥料。

☠ **提供食物**：茅膏菜、狸藻等食虫植物利用叶子捕食昆虫。

著名的食虫植物——茅膏菜

蜉蝣只能活一天吗?

我来帮你停止时间!

魔界和蜉蝣种族之间的姊妹结缘签字仪式圆满完成!

姊妹结缘签字仪式

以后合作愉快啊!

谢谢您,魔王大人!

啪啪啪啪

以后经常联系吧!

拜拜

嗡嗡

父皇,为什么偏要跟蜉蝣这样的害虫结缘啊?

噗哈哈

这就是执政能力,执政!

大魔王可不是白当的!

虽说蜉蝣像苍蝇和蚊子一样是害虫,但姊妹结缘后,它们就不会再添麻烦了。

啊——

目前还在准备与蚊子、苍蝇等姊妹结缘呢。

原来是这样啊!

听说蜉蝣只能活1天,是真的吗?

嘛……

应该是吧

一般来说,蜉蝣的成虫只能活1天而已。

通常,成虫交配成功后,会马上死去。但在那期间最短有活1个小时的,最长有活到几天的。

早上

死亡

起床

晚间

交配

约会

寻找雌性

中午

蜉蝣的幼虫期,短的有几个月,长的有1~3年。

这样啊!

幼虫的寿命挺长嘛!

听起来还挺可怜呢!

魔王大人

嗯?

"朝生暮死"的蜉蝣

根据化石推断,蜉蝣是最原始的有翅昆虫。全世界共有2100多种,其稚虫生活在淡水湖或溪流中。成熟稚虫两侧或背面有成对的气管鳃,所以它在水中也能呼吸。稚虫水生,呈扁平状,吃高等水生植物和藻类,秋冬两季有些种类以水底碎屑为食。蜉蝣很柔软,眼睛大,翅膀非常薄,腿柔弱得不能走动。春夏两季,从午后至傍晚,常有成群的雄虫进行"婚飞",雌虫独自飞入群中与雄虫配对,产卵于水中。稚虫充分成长后,或浮升到水面,或爬到水边石块或植物茎上,日落后羽化为亚成虫。亚成虫与成虫相似,一般经24小时左右蜕皮为成虫。成虫不取食,寿命极短,一般只活几小时至数天,所以有"朝生暮死"的说法。

交配中的蜉蝣

昆虫为什么喜欢往亮处飞?

劲、劲敌啊!

哇,……/儿比那/……还亮!

闪亮

闪……

你这家伙,快给我出来!

快点出来!

您还是出去看看吧!

啊,郁闷!一大清早的,到底是谁呀?!

猛地

究竟是何方神圣,一早就过来嚷嚷?

哼!

啊,你,你?!

噗哈哈,现在才想起来吗?

刘海儿怎么弄的啊?

发型可真奇怪。

喔当

谁啊?

现在是说发型的时候吗?

他好像记不起来了!

好,今天就让你永远也忘不了我!

我和我带来的数十只大型昆虫要将魔界踏平,到时候有你罪受的!

但怎么会有那么多的昆虫啊?

那是因为火光。

真奇怪

不把我们放在眼里啊……

喔当

夜间活动的昆虫利用月光或光线来感知方向。

是吗?

喂,喂!

蛾子与光线维持80~90度的角度飞行,蚊子认为有光处会有食物聚集。

蛾子(方向)

蚊子(食物)

蝉(误认为是白天)

昆虫的趋光性

昆虫的趋光性，简单地说，就是昆虫会往光线比较亮的地方飞。我们常常看到各种各样的蛾子聚集在电灯底下，这就是昆虫趋向光线的行为。夜行性昆虫大多有趋光性，"飞蛾扑火"就是这一习性的真实写照。

飞蛾等昆虫在夜间飞行活动时，是依靠月光来判定方向的。月亮距离地球遥远得很，飞蛾只要保持同月亮的固定角度，就可以使自己朝一定的方向飞行。可是，飞蛾看到灯光，会错误地认为是月光，就会用灯光来辨别方向。灯光距离飞蛾很近，而飞蛾仍然本能地使自己同光源保持着固定的角度，于是只能绕着灯光打转，直到最后精疲力竭而死。

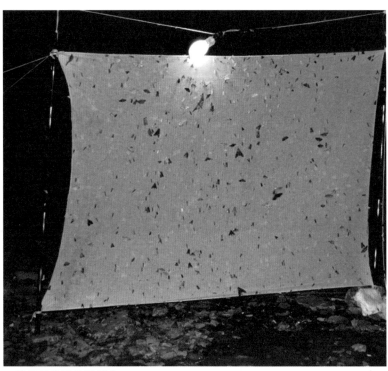

蜂拥到光亮处的昆虫

雌螳螂为什么吃雄螳螂？

那么,这段日子你是怎么过的啊?

被你抢走大魔王的位子后,我就去了别的地方,建立了我自己的帝国。那边不比这边差!

是吗?

我们是过来玩儿的!

砰 100

哎呀

骨碌碌

呵当

吓一惊

果然过着乞讨的生活!

动作真快!

谢谢,谢谢!

啪啪

是我的,放手!

哼,我才不要呢!你是不是要像雌螳螂一样,利用我之后再抛弃我?

雌螳螂?

看在老朋友而且在继位过程中出现了些小失误的分上,我就让你到我这里来做事吧,怎么样?

什么?

哑,是我先捡到的!

喂,螳螂是这样的昆虫吗?

还是第一次听说呢!

雌螳螂是这样的!

雌螳螂在交配结束后会吃掉雄螳螂!

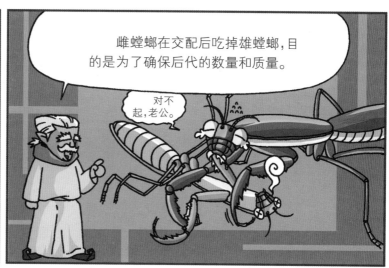

雌螳螂在交配后吃掉雄螳螂,目的是为了确保后代的数量和质量。

对不起,老公。

雌螳螂产卵时需要大量的能量。所以只要是活的就不分青红皂白,连雄螳螂都吃掉,以补充营养。雄螳螂如果交配后还想生存的话,就要快速跑掉。

真没出息!

我要活下去!

什么,你是说我像雌螳螂一样没有感情吗?

才明白啊!

雌螳螂为什么要吃雄螳螂

　　雌螳螂产卵需要大量能量,雄螳螂的肉正是极好的能量来源。雌螳螂一般会从雄螳螂的头开始吃起,断头的雄螳螂仍能完成交配,因为控制交配的神经不在头部,而在腹部。研究表明,吃掉雄螳螂对螳螂后代的确有益,那些吃掉了配偶的雌螳螂,其后代数目比没有吃掉配偶的要多 20%。交配结束后,雌螳螂把卵产在卵鞘内,以保护这些卵度过不良天气或免受天敌袭击。雌螳螂产卵数约 200 个。

交配中的螳螂

漫画家痛苦的 "完稿前综合征"

后记 漫画家的日常 2

竟然把魔界大魔王画成"大头"和"短腿"，你是否知罪啊？

冤、冤枉啊，魔王大人！

我只是按照搞笑王的旨意画的。

他说画成这样比较搞笑……

还把责任推给别人，太不像话了！

来人，马上把罪犯送到地下监狱！

父皇！

过来一下……

呜呼，这主意挺好啊！

嘀嘀咕咕

取消将罪犯送到地下监狱的命令。

您原谅我了吗？

呀啊

将罪犯关到写作室里，5天内完成3.7万页的稿子！

啊啊啊，不要！

还不如进监狱呢！

沙沙

不要！

猛地

漫画家在完稿时偶尔会有类似的噩梦

啊，幸亏是梦！……

《科学大探奇漫画》共5册

漫画好看！

故事搞笑！

知识有益！

埃及金字塔大探险

全4册

超人气爆笑科普漫画，
让你足不出户，赏人类文化遗产，
亲近世界历史与文明

吴哥窟大探险

全2册

吴哥窟——灿烂的
吴哥文化之精华

埃及——一座无与伦比的博物馆

秦始皇陵大探险

全2册

秦始皇陵——沉淀千年的历史文化瑰宝

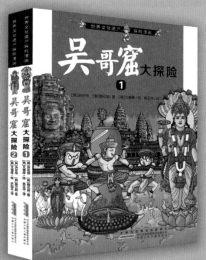

著作权登记号：皖登字 1208628号

이상야릇 곤충 과학 상식

Text Copyright ⓒ 2007 by Hong, Jaecheol

Illustrations Copyright ⓒ 2007 by Lee, Taeho

Simplified Chinese translation copyright ⓒ 2019 by Anhui Children's Publishing House

This Simplified Chinese translation copyright is arranged with LUDENS MEDIA CO., Ltd.

through Carrot Korea Agency, SEOUL.

All rights reserved.

图书在版编目(CIP)数据

昆虫世界大探奇／[韩]柳太淳著；[韩]李泰虎绘；洪仙花译.—合肥：安徽少
年儿童出版社，2009.5(2019.3 重印)

（科学大探奇漫画）

ISBN 978-7-5397-4081-2

I.①昆… Ⅱ.①柳… ②李… ③洪… Ⅲ.①昆虫 – 儿童读物 Ⅳ.①Q96-49

中国版本图书馆 CIP 数据核字(2009)第 006492 号

KEXUE DA TAN QI MANHUA KUNCHONG SHIJIE DA TAN QI

科学大探奇漫画·昆虫世界大探奇

[韩]柳太淳 / 著
[韩]李泰虎 / 绘
洪仙花 / 译

出 版 人：徐凤梅　　　　版权运作：王 利　古宏霞　　　　责任印制：田 航
责任编辑：邵雅芸　王笑非　丁 倩　曾文丽　　　　责任校对：江 伟
装帧设计：唐 悦

出版发行：时代出版传媒股份有限公司　　http://www.press-mart.com
　　　　　安徽少年儿童出版社　　E-mail：ahse1984@163.com
　　　　　新浪官方微博：http://weibo.com/ahsecbs
　　　　　（安徽省合肥市翡翠路 1118 号出版传媒广场　邮政编码：230071）
　　　　　市场营销部电话：(0551)63533532(办公室)　63533524(传真)
　　　　　（如发现印装质量问题，影响阅读，请与本社市场营销部联系调换）

印　　制：安徽国文彩印有限公司
开　　本：787mm×1092mm　　1/16　　　印张：11.25　　　字数：146 千字
版　　次：2009 年 5 月第 1 版　　　2019 年 3 月第 5 次印刷

ISBN 978-7-5397-4081-2　　　　　　　　　　　　　　定价：28.00 元

版权所有，侵权必究